BEI GRIN MACHT SICH IHR WISSEN BEZAHLT

- Wir veröffentlichen Ihre Hausarbeit,
  Bachelor- und Masterarbeit

- Ihr eigenes eBook und Buch -
  weltweit in allen wichtigen Shops

- Verdienen Sie an jedem Verkauf

Jetzt bei www.GRIN.com hochladen
und kostenlos publizieren

Bibliografische Information der Deutschen Nationalbibliothek:

Die Deutsche Bibliothek verzeichnet diese Publikation in der Deutschen National-
bibliografie; detaillierte bibliografische Daten sind im Internet über http://dnb.d-
nb.de/ abrufbar.

Impressum:

Copyright © 2007 GRIN Verlag, Open Publishing GmbH
Druck und Bindung: Books on Demand GmbH, Norderstedt Germany
ISBN: 978-3-668-12044-0

Dieses Buch bei GRIN:

http://www.grin.com/de/e-book/313381/einfuehrung-in-die-psychometrie-und-
psychophysikalische-messmethoden

Jacqueline Rausch

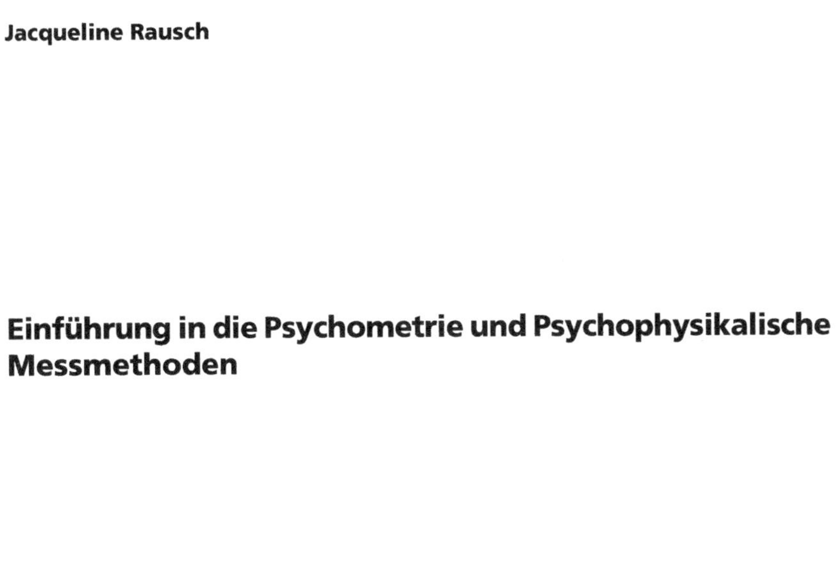

Einführung in die Psychometrie und Psychophysikalische Messmethoden

GRIN Verlag

Psychometrie - Methoden der Schwellenbestimmung

Ausarbeitung zum Seminarvortrag

von

Jacqueline Rausch

Veranstaltungstitel: Medizinische Physik

Seminarvortrag vom: 30.01.2007

Institut für Physik

Carl von Ossietzky Universität Oldenburg

Fakultät V - Mathematik und Naturwissenschaften

Inhaltsverzeichnis

1 Grundlagen der Psychometrie

1.1 Klassische Schwellentheorie

Vorraussetzung der klassischen Schwellentheorie nach Fechner ist die Annahme eines physikalischen Reizkontinuums, eines internen Reaktionskontinuums und eines Beurteilungskontinuums. Die zu bestimmende Schwelle ist ein fester Punkt innerhalb des internen Reaktionskontinuums dessen Überschreitung zu einer Wahrnehmung des Reizes führt. Eine weitere Annahme ist, dass Reizintensitäten unterhalb dieser Schwelle zu keiner bewussten Wahrnehmung führen können. [Saborowski 2001]

Unter der Voraussetzung, dass alle Faktoren während der Messung konstant gehalten werden, kann nach der klassischen Schwellentheorie eine scharf abgegrenzte Reizintensität ermittelt werden, welche die absolute Schwelle darstellt (siehe Abb. 1(a)). Sämtliche Faktoren während der Messung konstant zu halten ist in der Realität nicht zu erreichen und somit führen individuelle Variationen der Versuchspersonen (z. B. Änderung der Aufmerksamkeit) zu leichten Veränderungen der psychometrischen Funktion (siehe Abb. 1(b)) und zur veränderten Bestimmung der absoluten Schwelle, gegebenenfalls durch Interpolation. Zu den Messmethoden der klassischen Schwellentheorie gehören u.a.

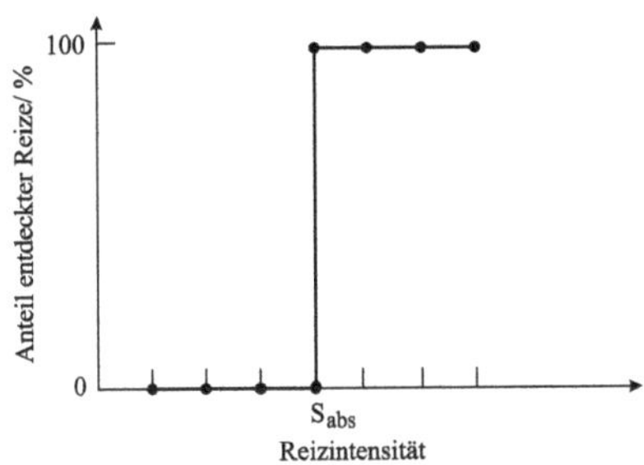

(a) Verlauf der psychometrischen Funktion mit konstanter Wahrnehmungsschwelle nach der klassischen Schwellentheorie.

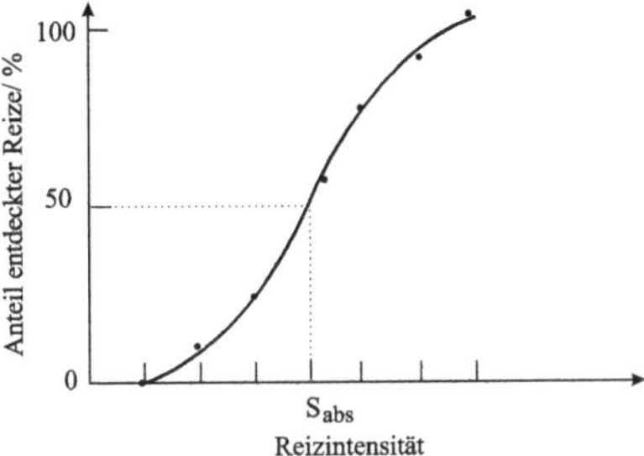

(b) Verlauf der psychometrischen Funktion auf Grund individueller Schwankungen, mit Bestimmung der absoluten Schwelle bei 50% Detektionswahrscheinlichkeit.

Abb. 1: Ermittlung der absoluten Schwelle S_{abs} auf der psychometrischen Kurve. Quelle: Eigene Grafik

die Herstellungsmethode, die Grenzwertmethode und die Konstanzmethode (zur näheren Erläuterung siehe Abschnitt 2.1.1 bis 2.1.3), die gegen die 50% Detektionswahrscheinlichkeitsschwelle konvergieren. Die klassischen Messmethoden können nicht zwischen den individuellen Urteilstendenzen (konservativ oder liberal) und den Detektions- und Diskriminationsleistungen der Versuchsperson trennen, haben jedoch auf Grund ihrer breiten Anwendbarkeit, auch für komplexe Reize, einen hohen Stellenwert bezüglich der Schwellenbestimmung in der Psychophysik. [Goldstein 2002]

1.2   Signalentdeckungstheorie

Auf Grund der empirisch gefundenen Variabilität des Antwortverhaltens von Versuchspersonen, hinsichtlich Sensitivität d' und Urteilstendenz β (konservativ oder liberal), wurden verschiedene Modellansätze entwickelt, von denen die Signalentdeckungstheorie einen hohen Stellenwert zur Beschreibung von Detektions- und Diskriminationsexperimenten einnimmt. Mit Hilfe der Signalentdeckungstheorie, die ursprünglich auf Grund des Signal-Rausch-Abstandes technischer Kommunikationssysteme in den 1960er Jahren entwickelt wurde, können die inter- und intraindividuellen Messvariationen hinsichtlich Sensitivität und Entscheidungskriterium kontrolliert und bestimmt werden. Dafür unterscheidet die Signalentdeckungstheorie die folgenden zwei Systemzustände:

1. S+N, d.h. der angebotene Reiz enthält das zu detektierende Signal S und Rauschen N

2. N, d.h. der angebotene Reiz enthält nur Rauschen N

Das Rauschen N modelliert dabei den stochastischen Entscheidungsprozess bzw. die individuellen Urteilstendenzen der Versuchsperson. Daraus ergeben sich die vier Reiz-Reaktionskombinationen und dazugehörigen Wahrscheinlichkeiten P, dargestellt in Tab. 1, die der Signalentdeckungstheorie zu Grunde liegen. Für den Fall der permanent richtigen Trennung zwischen den Systemzuständen S+N und N und der richtigen Antwort der Versuchsperson, ist $P_h = 100\%$ bzw. $P_{cr} = 100\%$ und $P_m = 0\%$ bzw. $P_{fa} = 0\%$. Die psychometrische Kurve für diesen Fall entspricht der Kurve der Abb. 1 (a) mit der Existenz einer konstanten Wahrnehmungsschwelle. Die Wahrscheinlichkeiten P

Reaktion \ Reiz	S+N	N
S+N	Treffer P_h (*„hit"*)	falscher Alarm P_{fa} (*„false alarm"*)
N	Verpasser P_m (*„miss"*)	korrekte Ablehnung P_{cr} (*„correct rejection"*)
$\sum$	1	1

Tab. 1: Vierfelderschema der Signalentdeckungstheorie und die zugehörigen relativen Wahrscheinlichkeiten P.

der Reiz-Reaktionskombinationen in Tab. 1 beziehen sich nicht auf die Summe der angeboten S+N und N-Zustände, sondern auf die tatsächliche Anzahl von S+N bzw. N-Zuständen. Daraus folgt, dass die Wahrscheinlichkeitssumme $P_{h+m}=1$ sowie $P_{fa+cr}=1$ ergibt und in der Literatur meistens nur P_h und P_{fa} betrachtet wird.

Eine weitere Annahme der Signalentdeckungstheorie ist die Abbildung jeder Reizvorlage (S+N oder

N) auf einer internen kontinuierlichen Skala r, mit deren Hilfe ein Entscheidungsprozess stattfindet. Aus der empirisch bestimmten Anzahl der Treffer, der Verpasser, der falschen Alarme und der korrekten Ablehnungen wird die Lage der S+N und der N-Verteilung ermittelt. Der Sensitivitätsparameter d' (siehe Abb. 2 und Gleichung (1)) resultiert aus der Differenz des Mittelwertes der Signalverteilung μ_{S+N} und der Rauschverteilung $\mu_N = 0$, normiert an der Standardabweichung σ_N. Demnach konvergiert der Sensitivitätsparameter gegen Null, wenn die Versuchsperson nicht zwischen den zwei Systemzuständen N und S+N diskriminieren kann, wächst an und konvergiert gegen ∞ mit zunehmender Diskriminationsleistung oder Erhöhung der Reizintensität [Muesseler und Prinz 2002].

$$d' = \frac{\mu_{S+N} - \mu_N}{\sigma_N} \qquad (1)$$
$$= z(\text{Anteil Treffer}) - z(\text{Anteil falscher Alarme})$$

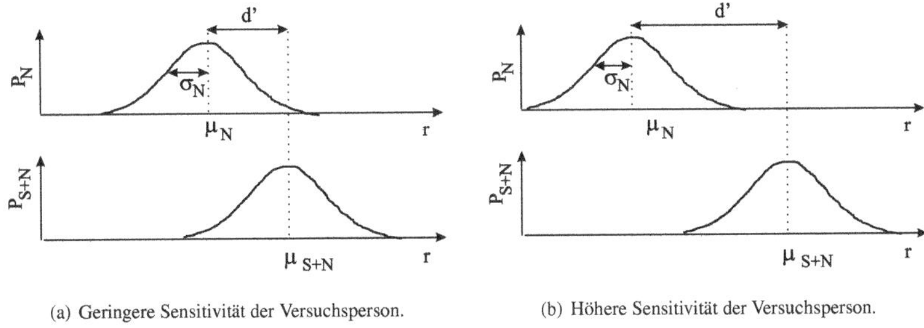

(a) Geringere Sensitivität der Versuchsperson.   (b) Höhere Sensitivität der Versuchsperson.

Abb. 2: Darstellung der Ermittlung des Sensitivitätsparameters d'. Quelle: Eigene Grafik

Für die Berechnung eines kriterienfreien d' kann Gleichung (2), mit der Gaussverteilungsfunktion F_G, angewendet werden. Für die Herleitung wird auf [Hartmann 1998] verwiesen.

$$d' = F_G^{-1}(P_h) - F_G^{-1}(P_{fa}) \qquad (2)$$

Der zweite Parameter der Signalentdeckungstheorie ist die Urteilstendenz β als Maß für das subjektive Kriterium der Versuchsperson eher konservativ oder liberal zu antworten. Der Theorie entsprechend gibt es einen Punkt c entlang der kontinuierlichen internen Skala r, dessen Überschreitung zur Angabe der Wahrnehmung des Reizes führt. Wird der Punkt nicht überschritten, wird die Versuchsperson angeben, den Reiz nicht wahrgenommen zu haben. Die Urteilstendenz β kann sowohl von inneren als auch äusseren Faktoren abhängig sein, z.B. von der Instruktion, der Wahrscheinlichkeit der Systemzustände S+N und N, vom Feedback, der Erfahrung und Motivation der Versuchsperson. Die

Urteilstendenz β, auch *likelihood-ratio* genannt, berechnet sich nach Gleichung (3). [Hartmann 1998]

$$\beta = \frac{P_{S+N}(c)}{P_N(c)} = \frac{e^{-\frac{(\mu_{S+N}-c)^2}{2\sigma^2}}}{e^{-\frac{c^2}{2\sigma^2}}} \tag{3}$$

In der Abb. 3 ist die Auswirkung der Urteilstendenz auf die vier Wahrscheinlichkeiten P des Vierfelderschemas bei gleicher Sensitivität d' dargestellt. Falls $\beta < \frac{p(x|S+N)}{p(x|N)}$ ist, dann antwortet die Versuchperson eher konservativ und der Anteil der korrekten Ablehnung steigt. Für $\beta > \frac{p(x|S+N)}{p(x|N)}$ urteilt die Versuchsperson eher liberal und der Anteil der Treffer steigt an.

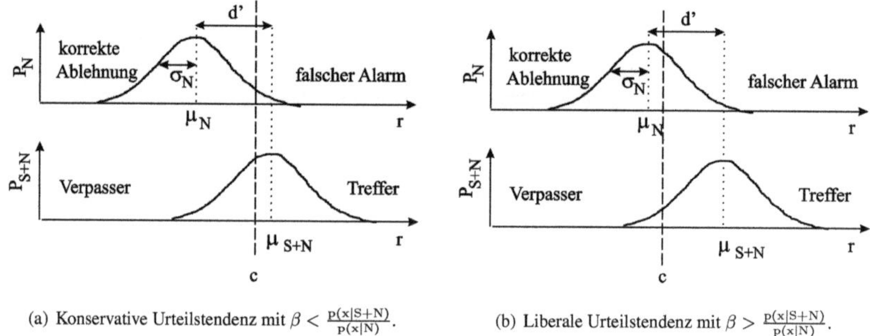

(a) Konservative Urteilstendenz mit $\beta < \frac{p(x|S+N)}{p(x|N)}$.   (b) Liberale Urteilstendenz mit $\beta > \frac{p(x|S+N)}{p(x|N)}$.

Abb. 3: Auswirkung der Urteilstendenz auf die Anteile der Treffer und falscher Alarm bei gleicher Sensitivität d'. Quelle: Eigene Grafik

Die Beschreibung des Antwortverhaltens der Versuchspersonen kann grafisch in ROC-Kurven (engl. *receiver operating characteristic*) dargestellt werden. Dabei werden die relativen Häufigkeiten der Treffer P_h gegen die relativen Häufigkeiten der falschen Alarme P_{fa} aufgetragen.

In der Abb. 4 ist der Einfluss des Sensitivitätsparameters d' auf die ROC-Kurve dargestellt. Je hö-

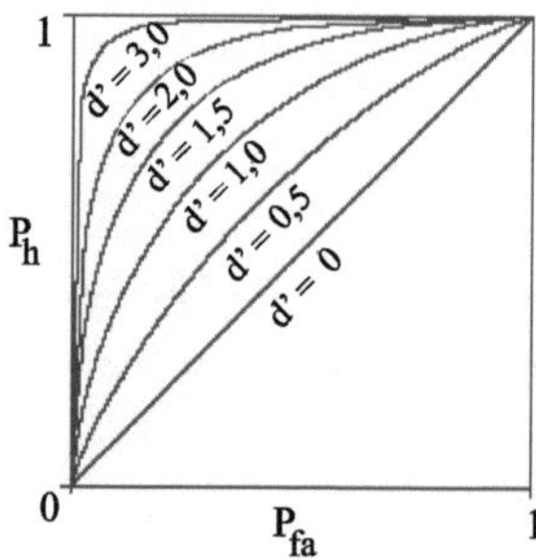

Abb. 4: Abhängigkeit des ROC-Kurvenverlaufs vom Sensitivitätsparameter d'. Quelle: [Hartmann 1998]

her die Sensitivität ist und sich somit die relativen Wahrscheinlichkeiten der Treffer erhöhen und je geringer die relativen Wahrscheinlichkeiten der falschen Alarme sind, desto weiter ist die ROC-Kurve oberhalb von der Zufallsdiagonalen (d'=0) entfernt. Hohe Sensitivitäten verschieben dementsprechend die ROC-Kurve entlang der y-Achse zu höheren relativen Häufigkeiten der Treffer P_h, wobei sich das Verhältnis von Treffern zu falschen Alarmen verbessert. Datenpunkte unterhalb der Zufallsdiagonalen können nur zufällig auftreten oder wenn die Versuchsperson (vorsätzlich) konträr antwortet bzw. den Test nicht verstanden hat.

Die Abb. 5 zeigt den Einfluss der Urteiltendenz β bei gleicher Sensitivität der Versuchsperson. Bei einer eher liberalen Urteilstendenz der Versuchsperson, d.h. $\beta > \frac{p(x|S+N)}{p(x|N)}$, steigt sowohl die relative Häufigkeit der Treffer P_h als auch die relative Häufigkeit der falschen Alarme P_{fa} (siehe auch Abb. 3) und der entsprechende Datenpunkt der ROC-Kurve ist sowohl auf der x-Achse als auch auf der y-Achse in Richtung 1 verschoben. Konservative Urteilstendenzen, d.h. $\beta < \frac{p(x|S+N)}{p(x|N)}$ verschieben den Datenpunkt der ROC-Kurve auf beiden Achsen in Richtung Koordinatenursprung, da die relativen Häufigkeiten der Treffer und der falschen Alarme abnimmt.

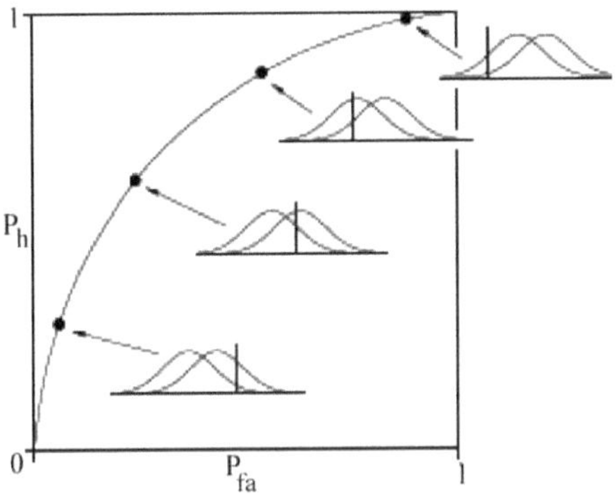

Abb. 5: Abhängigkeit des ROC-Kurvenverlaufs von der Urteilstendenz β. Quelle: [Hartmann 1998]

Der Sensitivitätsparameter d' und die Urteilstendenz β sind sowohl formal mathematisch als auch statistisch unabhängig voneinander, was in verschiedenen Versuchen durch Variierung der Vorkommenswahrscheinlichkeit des Reizes bestätigt werden konnte [Muesseler und Prinz 2002]. [Hartmann 1998]

2   Psychophysikalische Messmethoden

2.1   Messmethoden der klassischen Schwellentheorie

Die Messmethoden nach der klassischen Schwellentheorie enthalten immer das subjektive Kriterium der Versuchsperson. Soll dennoch eines der Verfahren, welche in den folgenden Abschnitten 2.1.1 bis 2.1.3 beschrieben werden, angewendet und das subjektive Kriterium eleminiert werden, müssen diese Methoden erweitert werden, so dass jeweils zusätzlich zur Richtig-Antwortwahrscheinlichkeit P_h die Falscher-Alarm-Wahrscheinlichkeit P_{fa} bestimmt werden. Mit Kenntnis dieser ist es durch Gleichung (2) möglich, das subjektive Kriterium vom Ergebnis rauszurechnen und die Sensitivität getrennt zu betrachten.

2.1.1   Herstellungsmethode - method of adjustment

Bei dieser Messmethode kontrolliert die Versuchsperson den Stimulus selbst und hat die Aufgabe den vorgegebenen Stimulus so einzustellen (z. B. mittels eines Potis auf einer kontinuierlichen Skala), dass er eine bestimmte Empfindung hervorruft. Typische akustische Messungen nach diesem Verfahren sind Pegel- und Frequenzeinstellungen eines Stimulus, so dass dieser von der Versuchsperson „gerade eben hörbar" ist oder bis er die gleiche wahrgenommene Tonhöhe hervorruft wie ein Referenzstimulus. Der mehrfach wiederholte Vorgang des Einstellens auf den gesuchten Wert des Reizes wird auch als Einpendeln bezeichnet. Die Berechnung des arithmetischen Mittelwertes aller Einstellungen, wobei vorausgesetzt wird, dass sich die einzelnen Werte der Durchgänge normalverteilen, dient zur Schwellenbestimmung. Um Habituations- und Erwartungseffekte der Versuchperson zu verringern, sollte während der Messwiederholungen die Ausgangsintensität des Stimulus durch den Versuchsleiter verändert werden [Zwisler, Rainer 1998].
Die ursprüngliche Bezeichnung Fechners für dieses Verfahren war „Methode des mittleren Fehlers", denn er berechnete zusätzlich die durchschnittliche Abweichung der einzelnen Werte zum Mittelwert, um ein Maß für die Genauigkeit der Schwelle zu erhalten. [Hellbrück 1993]

2.1.2   Grenzwertmethode - method of limits

Die Grenzwertmethode, die Fechner ursprünglich die „Methode der ebenmerklichen Unterschiede" nannte, ist ein Verfahren, bei dem der Versuchsleiter die Reizintensität des Teststimulus variiert. Dabei wird die Vorgehensweise zur Reizvariation in absteigende und aufsteigende Grenzverfahren eingeteilt. Bei einem Messdurchgang nach dem aufsteigenden Grenzverfahren wird die Reizintensität unterhalb der vermutlichen Schwelle eingestellt und so lange in angemessenen Schrittweiten erhöht, bis die Versuchsperson den Teststimulus wahrnimmt. Das absteigende Grenzverfahren beginnt mit einer Reizintensität die deutlich oberhalb der Schwelle liegt und wird dann durch den Versuchsleiter in angemessenen Schrittweiten verringert, bis die Versuchsperson den Stimulus nicht mehr wahrnehmen kann. Der arithmetische Mittelwert der Ergebnisse der auf- und absteigenden Verfahren gibt die Reizschwelle an. [Hellbrück 1993]

In der Abb. 6 ist der schematische Ablauf einer Schwellenbestimmung mit der Grenzwertmethode für sechs Runs, davon drei nach dem aufsteigenden und drei nach dem absteigenden Verfahren, dargestellt. Die Wahl der Schrittweite richtet sich nach der Diskriminationsschwelle des Reizes. Je grösser

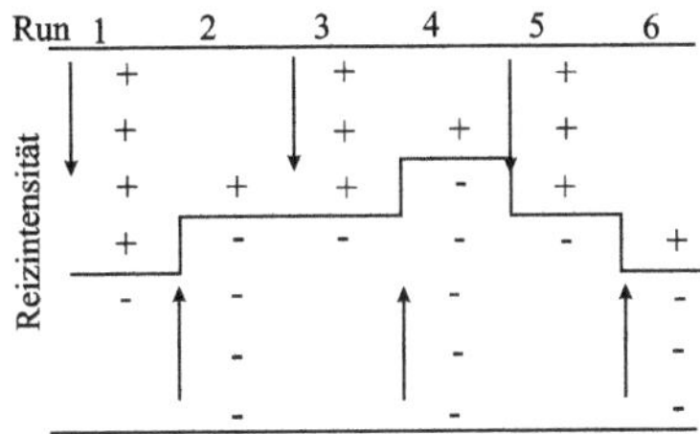

Abb. 6: Schematische Darstellung einer Schwellenbestimmung mit Hilfe der Grenzwertmethode. Quelle: Eigene Grafik

die Schrittweite ist, desto ungenauer erfolgt die Bestimmung der 50% Schwelle. Sehr kleine Schrittweiten verursachen einen erhöhten Zeitaufwand, führen jedoch zu genaueren Schwellenschätzungen. Um den Einfluss von Habituations- und Erwartungsfehlern zu minimieren, sollte die Anzahl der auf- und absteigenden Reizintensitätsdurchgänge identisch sein. [Zwisler, Rainer 1998]

2.1.3 Konstanzmethode - method of constant stimuli

Die Konstanzmethode geht auf Fechners „Methode der richtigen und falschen Fälle" zurück und wurde mit dem Ziel der Vermeidung von Habituations- und Erwartungsfehlern entwickelt. Bei dieser Methode werden in der Regel 5-9 Reize in gleichmässiger Intensitätsabstufung, jedoch in zufälliger Reihenfolge, mehrmals angeboten. Der Intensitätsbereich des Reizes wird so gewählt, dass die geringste Intensität nie und die höchste Intensität immer zur Wahrnehmung führt. Während der gesamten Messung bleiben die Reize konstant. [Hellbrück 1993]

Als Messergebnis werden für jede angebotene Reizintensität I die Anteile der wahrgenommenen Reize P_I ermittelt und gegebenenfalls als psychometrische Funktion grafisch dargestellt. Die absolute Schwelle ist die Reizintensität, bei der 50% der angebotenen Reize zu einer Wahrnehmung führen und muss auf Grund der Messmethode eventuell interpoliert werden. Von den klassischen Messmethoden führt die Konstanzmethode zur genauesten Schwellenbestimmung, bringt aber den Nachteil des höheren Zeitaufwandes mit. [Goldstein 2002]

2.2   Adaptive Methoden

Ein wichtiger Aspekt der Schwellenbestimmung ist die Steuerung der Reizintensität. Allen adaptiven Methoden ist gemeinsam, dass die momentane Stimulusgrösse von den zurückliegenden Antworten der Versuchsperson abhängig ist und dass der ermittelte Schwellenwert einem definierten %-Punkt auf der psychometrischen Funktion entspricht. Die Vorteile der adaptiven Methoden sind in der Effektivität und Präzision zu sehen, denn der größte Teil aller angebotenen Trials befindet sich im Bereich des definierten Schwellenpunktes auf der psychometrischen Kurve. Weiterhin sind keine Vortests über die Lage der Schwelle notwendig, da sich die Messprozedur, unabhängig vom Startwert, auf die Schwelle einpegelt.

2.2.1   Up-Down Methode

Bei Anwendung der Up-Down Methode kommt es zur Verringerung der Stimulusgrösse, wenn die Versuchsperson den Reiz wahrnimmt bzw. richtig antwortet und zur Erhöhung der Stimulusgröße, wenn die Versuchsperson den Reiz nicht mehr wahrnimmt bzw. falsch antwortet. Die Größe der Stimulusänderung kann entweder konstant sein oder variabel in der zeitlichen Abfolge oder wiederum adaptiv abhängig von der Versuchsperson durchlaufenen Anzahl von Wendepunkten (häufig sechs bis acht Wendepunkte). Für das Up-Down Verfahren geht die Wahrscheinlichkeit der Stimulusgrössen-verringerung einher mit der Wahrscheinlichkeit einer korrekten Antwort, d. h. $P_{down} = P_c$. An der Schwelle gilt weiterhin, dass die Wahrscheinlichkeit der Stimuluserhöhung der Wahrscheinlichkeit der Stimulusverringerung entspricht, also ist $P_{up} = P_{down}$. Daraus folgt, dass die Up-Down Methode an der Schwelle auf den Punkt der 50% Richtigantwortwahrscheinlichkeit auf der psychometrischen Funktion konvergiert (siehe Gleichung 4).

$$P_c = P_{up} = P_{down} = 1 - P_{up} = 1 - P_c = 1 - 0,5 \qquad (4)$$

Die einfache Up-Down Methode kann für Messprozeduren verwendet werden, deren Trials binären Charakter haben, d. h. , dass die Antwort entweder korrekt oder inkorrekt ist, wie z. B. beim AFC-Verfahren oder dem Ja-Nein Experiment (siehe Abschnitt 2.3). [Hartmann 1998]

2.2.2   Transformierte Up-Down Methoden - UDTR

Die transformierten Up-Down Methoden zur Schwellenbestimmung unterscheiden sich von der einfachen Up-Down Methode (Abschnitt 2.2.1) in der notwendigen konsekutiven Häufigkeit von richtigen bzw. falschen Antworten der Versuchsperson zur Stimulusänderung. Je nach modifizierter Regel kann die Reizintensität nach 2, 3 oder 4 aufeinanderfolgenden richtigen Antworten erhöht bzw. nach 2, 3 oder 4 falschen Antworten verringert werden. Der Messabbruch erfolgt nach einer zuvor festgelegten

Anzahl an Wendepunkten, aus deren Mittelung der Stimulusintensität die Schwelle ermittelt wird. Dieses Vorgehen wird als „*Wetherill estimate*", nach deren Entwicklern Wetherill und Levitt(1965), bezeichnet. Die Größe der Stimulusänderung kann entweder konstant sein oder variabel in der zeitlichen Abfolge oder wiederum adaptiv abhängig von der Versuchsperson durchlaufenen Anzahl von Wendepunkten. Die adaptiven Methoden konvergieren jeweils auf einen unterschiedlichen Wert auf der psychometrischen Kurve und werden anhand dessen auch ausgewählt. Die Gleichung (5) zeigt beispielhaft die Konvergenzpunktberechnung für das häufig verwendete 1 up-2 down Verfahren.

$$\underbrace{P_c \cdot P_c}_{\text{(2 x richtig)}} = \underbrace{(1 - P_c)}_{\text{(1 x falsch)}} + \underbrace{P_c(1 - P_c)}_{\text{(1 x richtig + 1 x falsch)}} \tag{5}$$

$$P_c^2 = (1 - P_c) + P_c(1 - P_c)$$

$$= 1 - P_c^2$$

$$2 \cdot P_c^2 = 1$$

$$P_c = \sqrt{\frac{1}{2}} = 0,707$$

In Tabelle 2 sind die am häufigsten verwendeten (transformierten) Up-Down-Methoden und die zugehörigen Konvergenzkriterien dargestellt. [Levitt 1971]

	Reizerhöhung nach	Reizverringerung nach	Wahrscheinlichkeit Reizverringerung	Richtig-Antwort-Wahrscheinlichkeit
1 up-1 down	-	+	P_c	$P_c = 0,500$
1 up-2 down	-	++	P_c^2	$P_c = 0,707$
	+ -			
1 up-3 down	++ -	+++	P_c^3	$P_c = 0,794$
	+ -			
	-			
1 up-4 down	+++ -	++++	P_c^4	$P_c = 0,841$
	++ -			
	+ -			
	-			
2 up-1 down	- -	- +	$1 - P_c^2$	$P_c = 0,293$
		+		

Tab. 2: Darstellung der möglichen Stimulussequenzen ausgewählter (transfomierter) Up-Down Methoden und die jeweils zugehörigen Konvergenzkriterien P_c.

Die transformierten Up-Down Methoden sind, wie die einfache Up-Down-Methode, für Detektions-
und Diskriminationsaufgaben einsetzbar, deren Trials binären Charakter haben, z. B. AFC-Methoden
oder das Ja-Nein-Experiment. Für verschiedene Kombinationen von AFC-Experimenten mit den
(transformierten) Up-Down Methoden ergeben sich nach Gleichung (2) unterschiedliche Sensitivitätsparameter d'. In Tab. 3 ist ein Auszug der häufigsten Kombinationen von AFC-Experimenten mit
Up-Down Methoden und das zugehörige d' dargestellt. In der Praxis werden aus Gründen der Öko-
nomie und Stabilität des Experimentes vorrangig das 2 AFC und das 3 AFC Verfahren mit einer
1 up-2 down Pegelsteuerung verwendet. [Hartmann 1998]

| | | d' | | |
UDTR	P_c	2 AFC	3 AFC	4 AFC
1up - 1down	50,00%	0,00	0,56	0,84
1up - 2down	70,70%	0,77	1,26	1,52
1up - 3down	79,40%	1,16	1,62	1,87
1up - 4down	84,10%	1,41	1,86	2,09

Tab. 3: d' Werte für verschiedene UDTR-AFC Kombinationen an der Schwelle. Quelle: [Hartmann 1998]

2.2.3   Block-Up-Down Temporal Interval Forced-Choice - BUDTIF Methode

Die Block-Up-Down Temporal Interval Forced-Choice Methode (BUDTIF) ermöglicht weitere Kon-
vergenzpunkte auf der psychometrischen Funktion, die mit den (transformierten) Up-Down Methoden nicht erreicht werden können (z. B. 75% oder 80% Konvergenzpunkt). Dafür wird das 2 AFC-
Verfahren verwendet und zur adaptiven Pegelsteuerung die Trials in Blöcke eingeteilt. Die Anzahl
der Trials in einem Block und deren notwendige Anzahl zur Pegeländerung bestimmen den Konvergenzpunkt auf der psychometrischen Funktion. Zur Erreichung des 75%-Punktes werden jeweils vier
Trials zu einem Block zusammengefasst und bei gleichem Pegel präsentiert. In jedem Durchgang
werden, entsprechend dem 2 AFC-Verfahren, zwei Stimulusintervalle angeboten, von denen nur eines den zu detektierenden Reiz enthält. Werden von den angebotenen vier Trials eines Blockes von
der Versuchsperson weniger als drei positive Antworten gegeben, wird der Stimuluspegel entsprechend der Schrittweite erhöht. Werden von den vier möglichen Antworten von der Versuchsperson
vier Trials positiv beantwortet, so verringert sich der Stimuluspegel. Die Messprozedur ist beendet,
sobald drei von vier Trials positiv beantwortet werden. In Abb. 7 ist der Ablauf einer Messung nach
der BUDTIF-Methode für den Konvergenzpunkt 75% dargestellt. Der Stimuluspegel des neunten
Blockes repräsentiert die Hörschwelle. [Zwislocki und Relkin 2001]

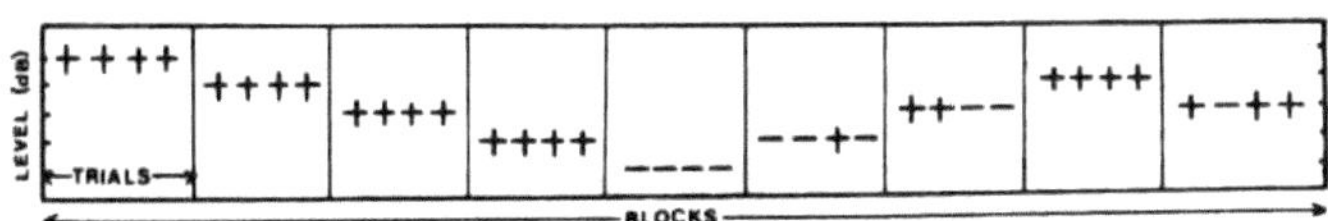

Abb. 7: Schematischer Ablauf der BUDTIF-Methode für den Konvergenzpunkt von 75% auf der psychometrischen Funktion. Quelle: [Gelfand 1998]

Die Berechnung des Konvergenzpunktes wird für den 75%-Punkt beispielhaft mit Gleichung (6) und den sich daraus ergebenen Äquivalenzumfomungen erläutert. An der Schwelle gilt:

$$P_{\text{down}} = \frac{P_{\text{correct}}}{3} \tag{6}$$

$$1 - P_{\text{correct}} = P_{\text{incorrect}}$$

$$= \frac{P_{\text{correct}}}{3}$$

$$P_{\text{correct}} = 3 - 3 \cdot P_{\text{correct}}$$

$$4 \cdot P_{\text{correct}} = 3$$

$$P_{\text{correct}} = \frac{3}{4} = 0,75$$

Mit der BUDTIF-Methode ist ebenso die Bestimmung des 80%-Punktes auf der psychometrischen Funktion möglich. Dafür werden jeweils fünf Trials zu einem Block zusammengefasst und bei weniger als vier von fünf positiven Antworten innerhalb eines Blockes der Stimuluspegel verringert, bei fünf positiven Antworten der Stimuluspegel erhöht und bei vier von fünf positiven Antworten ist die Schwelle ermittelt. [Gelfand 1998]

2.2.4   Bekesy's Tracking Methode - method of tracking

Bekesy stellte 1960 eine Messmethode vor, die sowohl Elemente der Herstellungs- und Grenzwertmethode als auch Elemente von adaptiven Messprozeduren beinhaltete. Bei der Bestimmung der Schwelle nach dem Bekesy Tracking steigt die Intensität des Reizes kontinuierlich an, wenn die Versuchsperson keinen Reiz wahrnimmt und fällt ab, wenn von der Versuchsperson der Reiz wahrgenommen wird. Die Versuchsperson ändert während der Messprozedur die Richtung der Intensitätsänderung durch Drücken eines Knopfes und kann den Pegel des Reizes knapp oberhalb der Hörschwelle und knapp unterhalb dieser fluktuieren lassen. Das Audiometer ändert dabei die Frequenz des Prüftones kontinuierlich von 125 Hz bis 8000 Hz (ursprünglich von 100 Hz bis 10.000 Hz) und den Pegel um 2,5 dB/ s. Die Amplituden der Pegel-Oszillationen werden automatisch aufgezeichnet und daraus die Hörschwelle bzw. die Diskriminationsschwelle bestimmt. Die Mittelwerte der Wendepunkte dieser

Pegeloszillationen ergeben die gesuchte Hörschwelle, die auf den 50%-Punkt der psychometrischen
Funktion konvergiert (siehe Abb. 8. [Gelfand 1998]

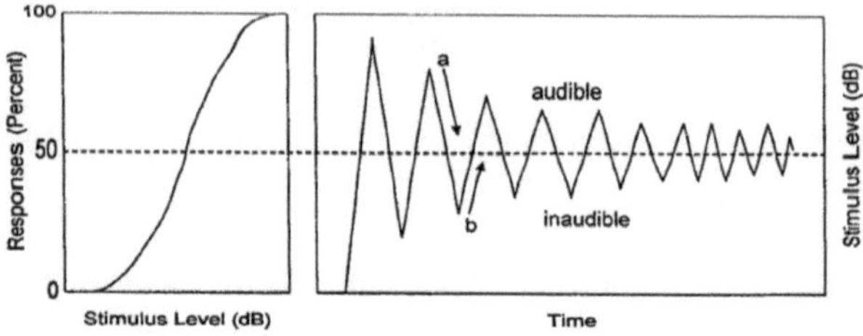

Abb. 8: Rechts: Schwellenbestimmung nach der Bekesy Tracking Methode durch Mittelung der Pegel der
Umkehrpunkte. Links: Konvergenz der Schwelle auf den 50%-Punkt der psychometrischen Funktion. Quelle: [Gelfand 1998]

2.2.5 Audioscan

Die Audioscan Methode ist ein Verfahren zur Erkennung von frühen Anzeichen einer Hörschädi-
gung. Dabei werden dem Probanden Frequenz-Sweeps konstanten Pegels (dB HL) präsentiert. Der
Startpegel ist meistens 0dB HL und die Startfrequenz 1kHz. Von 1kHz aus wird die Frequenz mit
einer bestimmten Sweep Rate (z.B. 20s/ oct) erhöht. Hört die Versuchsperson den Stimulus, so muss
eine Taste so lange gedrückt werden, wie sie diesen wahrnimmt und die Taste losgelassen werden,
wenn der Stimulus nicht mehr wahrgenommen wird. Nachdem die maximal mögliche Frequenz erreicht wurde, wird der 1kHz Ton erneut getestet und dann kontinuierlich die Frequenz mit der Sweep
Rate bis zur minimalen Frequenz verringert, wobei ebenfalls die Taste bei Wahrnehmung des Tons
zu drücken ist. Nachdem alle Frequenzen durchlaufen sind, werden die Bereiche bestimmt, in denen
der Proband keine Taste betätigt und somit den Reiz nicht wahrgenommen hat. In einem nächsten
Durchgang werden die entsprechenden Bereiche mit erhöhtem Pegel, entsprechend der gewählten
Schrittweite, getestet. In der Abb. 9 ist beispielhaft die Messprozedur der Audioscan Methode dargestellt. Das Signal wurde im ersten Messdurchgang zwischen den Frequenzen F_{a1} und F_{b1} nicht
gehört. Ausgehend von der neuen Startfrequenz F_m, welche die Mittenfrequenz der zuvor ermittel-
ten Eckfrequenzen F_{a1} und F_{b1} ist, werden erneut die Frequenzen oberhalb und und anschließend
die Frequenzen unterhalb der Startfrequenz F_m bis zur jeweiligen Eckfrequenz getestet. Im zweiten
Messdurchgang wurden von der Versuchsperson die Reize zwischen den beiden Punkten F_{a2} und F_{b2}
nicht wahrgenommen. Dieses Vorgehen wird so lange wiederholt bis die Lücke geschlossen ist und
sich ein komplettes Audiogramm ergibt.

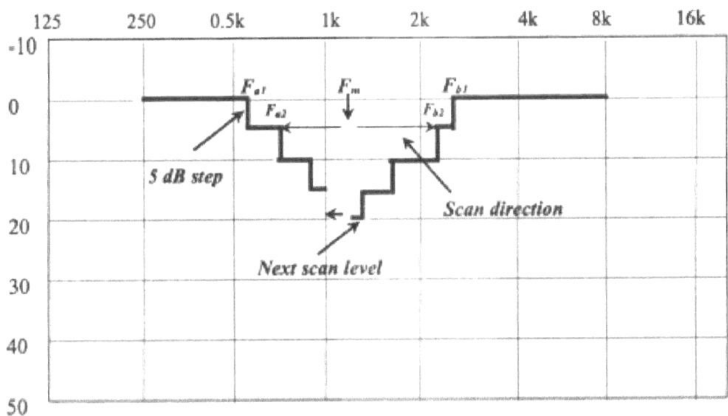

Abb. 9: Prozedur der Sweep Technik im Audioscan Test. Quelle: [Zhao et al. 2002]

Folgende Parameter können beim Audioscan vom Anwender variiert werden:

- Frequenzbereich des Tests: 125-16000Hz

- Startpegel: -10dB bis +50dB HL

- Sweep Rate: 7-99s/ oct

- Startseite: rechtes/ linkes Ohr

- Stimulusart: kontinuierlicher oder gepulster Ton

- Schrittweite: 1-10dB

Die Audioscan Methode ist in der Lage 64 Frequenzen innerhalb einer Oktave zu testen. Dadurch ist eine sehr viel feinere Frequenzauflösung gegenüber einer konventionellen Audiometrie möglich, die häufig nur im Oktavabstand testet. Darüber hinaus geben die Audioscan Notches Auskunft über sehr feine auditorische Schädigungen. Von einem Audioscan Notch wird gesprochen, wenn ein Hörschwellenabfall von 15dB oder mehr gegenüber den umgebenden Frequenzen vorliegt. Zum Entdecken von Notches ist der Parameter der Sweep Rate äußerst wichtig. In einer Studie von **(author?)** [Zhao et al. 2002] wurden Tests mit unterschiedlichen Sweep Raten an Probanden durchgeführt. Bei einer Sweep Rate von 15s/ oct zeigten ca. 50% der Probanden Notches. Durch eine Erhöhung der Sweep Rate auf 30s/ oct hatten alle Probanden Notches. Eine längere Sweep Rate ist also aus Gründen der Genauigkeit einer kürzeren vorzuziehen. Jedoch verlängert sich dadurch die Testzeit, wodurch die Aufmerksamkeit wiederrum nachläßt. Anwendung findet die Methode z. B. bei der Entdeckung von sehr frühen Lärmschädigungen. [Zhao et al. 2002]

2.2.6   Parameter Estimation by Sequential Testing - PEST

Bei der adaptiven Pegelsteuerung nach der *Parameter Estimation by Sequential Testing*-Methode (PEST) erfolgt sowohl die Richtung als auch die Schrittgröße der Stimulusänderung in Abhängigkeit der vorangegangenen Antworten der Versuchsperson. Für die Richtungsänderung der Stimulusgröße können, je nach gewünschtem Konvergenzpunkt auf der psychometrischen Funktion, alle adaptiven Up-Down-Methoden aus den Abschnitten 2.2.1 und 2.2.2 angewendet werden. Zusätzlich wird die Schrittweite der Stimulusänderung nach zwei negativen bzw. positiven Antworten verdoppelt und an Wendepunkten halbiert. Dadurch verbindet die PEST-Methode ein präzises Messergebnis mit ökonomischer Vorgehensweise. [Hellbrück 1993]

In Abb. 10 ist beispielhaft eine Pegelsteuerung zur Schwellenbestimmung mit der PEST-Methode dargestellt. Für die Richtungsänderung wird dabei die 1 up-1down Methode verwendet, wodurch die

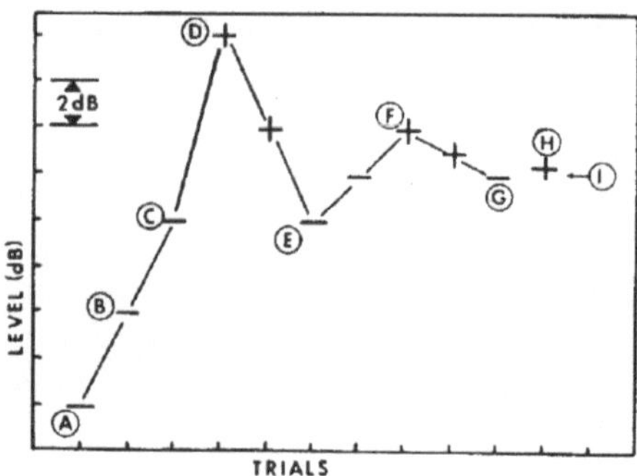

Abb. 10: Beispiel der Pegelsteuerung zur Schwellenbestimmung mit der PEST-Methode. Quelle: [Gelfand 1998]

Messung auf den 50%-Punkt der psychometrischen Funktion konvergiert. Die Messung beginnt mit einem Pegel unterhalb der vermuteten Hörschwelle (Punkt A) und wird auf Grund der negativen Antworten der Versuchsperson im zweiten und dritten Trial erhöht (Punkt B und C). Da die Versuchsperson trotz der zweifachen Pegelerhöhung im Punkt C wieder eine negative Antwort gibt, wird der Pegel mit doppelter Schrittweite erhöht (Punkt D). Die positive Antwort im Punkt D (positiver Wendepunkt) charakterisiert die Überschreitung der gesuchten Schwelle, wodurch der Pegel wieder verringert und die Schrittweite halbiert wird. Nach dem Wendepunkt D gibt es eine weitere positive Antwort der Versuchsperson und der Pegel wird verringert. Die negative Antwort im Punkt E (negativer Wendepunkt) charakterisiert die Unterschreitung der gesuchten Schwelle, wodurch der Pegel wieder erhöht und die Schrittweite halbiert wird. Die Schwelle liegt zwischen dem positiven Wendepunkt D und dem negativen Wendepunkt E und wird durch weitere Trials und Halbierungen bzw.

Verdopplungen der Schrittweite schrittweise eingegrenzt. Im Beispiel der Abb. 10 liegt die gesuchte Schwelle im Punkt I und wird mit einer Genauigkeit von 0,5 dB bestimmt. [Gelfand 1998]

2.3   Messmethoden mit binärem Trialcharakter

2.3.1   Alternative-Forced-Choice Methode-AFC

Unter den Alternative-Forced-Choice (AFC)-Methoden, teilweise auch als Interval-Forced-Choice (IFC)-Methoden benannt, werden Messmethoden bezeichnet, welche x-Stimulusintervalle beinhalten, von denen ein Intervall das Testsignal und Rauschen (Systemzustand S+N) und x-1 Intervalle nur das Rauschen (Systemzustand N) beinhalten. Die x-Intervalle sind durch eine kurze Pause voneinander getrennt und die Aufgabe der Versuchsperson ist es, das Stimulus-Intervall bzgl. der Untersuchungsfrage zu herauszufinden. Die Anzahl der Intervalle bestimmt die Rate-Wahrscheinlichkeit der Versuchsperson an der Schwelle nach Gleichung (7), d.h. ein 2-AFC Experiment hat eine Ratewahrscheinlichkeit von 50%, ein 3-AFC-Verfahren von 33,3% usw.

$$P_{Rate} = \frac{1}{x} \cdot 100\%, \quad \text{x = Anzahl der Intervalle} \tag{7}$$

Bei AFC-Messmethoden gibt es für die Versuchsperson keinen Grund ein bestimmtes Intervall zu bevorzugen. Dadurch sind AFC-Experimente symmetrisch und unabhängig von der *a-priori*-Wahrscheinlichkeit das Signal zu detektieren oder nicht, d.h. das subjektive Kriterium der Versuchsperson ist nicht enthalten. Wichtige Annahmen sind dabei, dass die Wahrscheinlichkeitsverteilung f_{S+N} die gleiche Form und Standardabweisung wie die Wahrscheinlichkeitsverteilung f_N aufweist und lediglich um den Wert μ verschoben ist (vgl. Abb. 2) und sich die Versuchsperson für das angebotene Intervall entscheidet, welches zu einem größeren Parameter c entlang der kontinuierlichen internen Skala r führt (vgl. Abb. 3). Die Wahrscheinlichkeit P_c, dass die Versuchsperson korrekt antwort, entspricht der Wahrscheinlichkeit, dass das benutzte c mit höherer Wahrscheinlichkeit aus der Verteilung f_{S+N} stammt als aus der Verteilung f_N der restlichen x-1 Intervalle, d.h. $\Delta c = c_{S+N} - c_N$ ist größer als Null. Die Wahrscheinlichkeit für ein c_{S+N} im Signalintervall berechnet sich nach Gleichung (8).

$$P(c < c_{S+N} < c + dc) = f_{S+N}(c)dc \tag{8}$$

Die Wahrscheinlichkeit für ein Rausch-Intervall N, dass $c > c_N$ ist, berechnet sich nach Gleichung (9).

$$P(c_N < c) = F_G(\frac{c}{\sigma}) \tag{9}$$

In einem x-AFC-Verfahren, mit x-1 Rausch-Intervallen, berechnet sich die Wahrscheinlichkeit aus Gleichung (9) durch die Potenzierung mit (x-1). Die Richtig-Antwort-Wahrscheinlichkeit in einem x-AFC-Experiment berechnet sich somit nach Gleichung (10).

$$P_c = \int_{-\infty}^{\infty} dc \cdot f_{S+N}(c)[F_G(\frac{c}{\sigma})]^{(x-1)} \tag{10}$$

Die Berechnung des Sensitivitätsparameters $d' = d'(P_c)$ ergibt sich aus Invertierung der Gleichung (10), welche für AFC-Experimente mit mehr als zwei Intervallen zeitaufwendig werden kann, jedoch für viele Werte von x bereits tabelliert ist. In Abb. 11 ist der Sensitivitätsparameter d' als Funktion der Richtig-Antwort-Wahrscheinlichkeit für die am häufigsten verwendeten 2-AFC, 3-AFC und 4-AFC Experimente dargestellt. [Hartmann 1998]

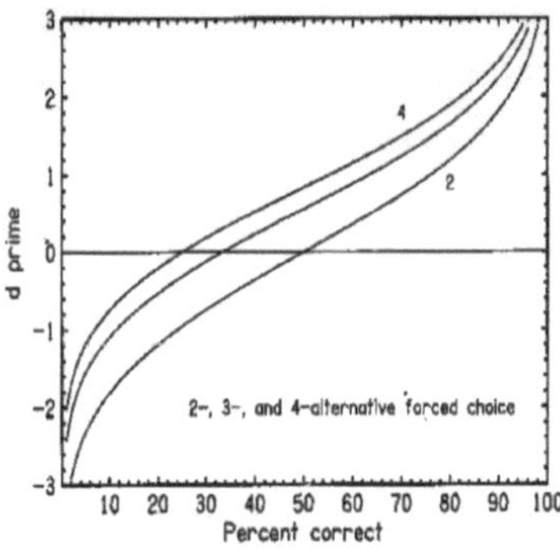

Abb. 11: Der Sensitivitätsparameter d' als Funktion der Richtig-Antwort-Wahrscheinlichkeit P_c für ein 2-AFC, 3-AFC und 4-AFC Experiment. Quelle: [Hartmann 1998]

2.3.2   Ja-Nein-Experiment

Bei einem Ja-Nein-Experiment wird der Versuchsperson ein Stimulusintervall, welches entweder das Signal und Rauschen oder nur das Rauschen enthält, präsentiert, zu dem es die zwei Antwortmöglichkeiten Ja oder Nein, entsprechend der Untersuchungsfrage, gibt. Dementsprechend ist bei einem Ja-Nein-Experiment, neben dem sensorischen Aspekt der Detektierbarkeit, das subjektive Kriterium der Versuchsperson stets enthalten, kann jedoch mit der Signalentdeckungstheorie berechnet werden. Für die Berechnung der kriterienfreien Sensitivität gilt Gleichung (2) aus dem Abschnitt 1.2. Dabei wird angenommen, dass die Versuchsperson ein individuelles Kriterium aufweist, dieses aber von Trial zu Trial stabil bleibt. Für die Berechnung des subjektiven Kriteriums gilt Gleichung (11). Die Herleitung ist in [Hartmann 1998] nachzulesen.

$$\beta = e^{-\frac{1}{2}([F_G^{-1}(P_h)]^2 - [F_G^{-1}(P_{fa})^2])} \tag{11}$$

Bei psychoakustischen Experimenten liegt das Untersuchungsinteresse häufig nur bei der Bestimmung der sensorischen Detektierbarkeit und weniger bei der Bestimmung des subjektiven Kriteriums. Aus diesem Grund werden AFC-Verfahren gegenüber dem Ja-Nein-Experiment häufiger angewendet. [Hartmann 1998]

Literatur

[Gelfand 1998] Gelfand, S. A. (1998). *Hearing - An Introduction To Psychological And Physiological Acoustics*. Marcel Dekker, Inc., New York.

[Goldstein 2002] Goldstein, E. B. (2002). *Wahrnehmungspsychologie*. Spektrum Akademischer Verlag, Heidelberg, 2. Auflage

[Hartmann 1998] Hartmann, W. M. (1998). *Signals, Sound, and Sensation*. Springer Verlag, New York.

[Hellbrück 1993] Hellbrück, J. (1993). *Hören - Physiologie, Psychologie und Pathologie*. Hogrefe Verlag, Göttingen.

[Levitt 1971] Levitt, H. (1971). *Transformed Up-Down Methods in Psychoacoustics*. The Journal of the Acoustical Society of America, 49(2):467–477.

[Muesseler und Prinz 2002] Muesseler, J. und Prinz, W. (2002). *Wahrnehmungspsychologie*. Spektrum Akademischer Verlag, Heidelberg, 1. Auflage

[Saborowski 2001] Saborowski, R. (2001). *Über die Beeinflussung der Lagewahrnehmung und des visuellen Systems mittels Über- und Unterdruck auf den Unterkörper*. Doktorarbeit, Justus-Liebig-Universität Gießen, Fachbereich Psychologie. http://geb.uni-giessen.de/geb/volltexte/2001/434/pdf/d010036.pdf.

[Zhao et al. 2002] Zhao, F., Stephens, D. und Meyer-Bisch, C. (2002). *The Audioscan: a high frequency resolutuon audiometric technique and its clinical application*. Clinical Otolaryngology, 27(1):4–10.

[Zwisler, Rainer 1998] Zwisler, Rainer, (1998). *Psychophysische Methoden*. http://www.zwisler.de/scripts/methoden/node4.html.

[Zwislocki und Relkin 2001] Zwislocki, J. J. und Relkin, E. M. (2001). *On a psychophysical transformed-ruled up and down method on a 75 % level of correct responses*. Proceedings of the National Academy of Sciences of the USA, PNAS, 98(8):4811–4814.